AF326473

MÉMOIRE

SUR LA
LADRERIE DES PORCS;

AVEC

LES MOYENS DE LA PRÉVENIR.

Par SALOZ, de Moudon,

Artiste Vétérinaire breveté et juré pour le
Canton de Vaud, à Aubonne.

A LAUSANNE;

De l'Imprimerie des Frères BLANCHARD.

1810.

Á MONSIEUR MAYOR,

DOCTEUR EN MÉDECINE, CHIRURGIEN EN CHEF
DE L'HÔPITAL CANTONAL DE LAUSANNE, MEMBRE
DU GRAND-CONSEIL DU CANTON DE VAUD, etc.

MONSIEUR,

FAIRE de son travail un hommage au talent et au mérite, c'est en même tems se complaire et remplir un devoir.

Veuillez, Monsieur, agréer ce petit ouvrage, et le lire avec indulgence.

Je suis avec estime

Votre très-humble et très-obéissant serviteur,

SALOZ, Vétérinaire.

MÉMOIRE

SUR LA

LADRERIE DES PORCS,

AVEC LES MOYENS DE LA PRÉVENIR.

LA ladrerie des porcs est une maladie générale, asthénique, chronique, cachétique, non contagieuse, quelquefois épizootique et enzootique, essentiellement vermineuse, qui affecte le cochon.

Elle consiste dans une débilité générale de tout le corps, avec épaississement de la peau et la présence de vésicules blanchâtres aux parties latérales et inférieures du frein de la langue.

Le sanglier et le cochon à la mamelle n'y sont pas sujets ; les cochons maigres et forts en sont ordinairement exempts.

Tous les Auteurs qui en ont parlé, l'ont comparée à la lèpre dans l'homme, et c'est d'après le rapport que ces deux maladies ont entr'elles, que la ladrerie a reçu diffé-

A 3

rens noms. Je me bornerai à citer ceux sous lesquels on la désigne ordinairement.

Les plus anciens peuples, les Hébreux, les Arabes, les Grecs et les Latins, l'appelloient *maladie blanche*, *lèpre*, *éléphas*, *impétigine*. Les Français lui donnent celui de *ladrerie*, *lazarerie*, *mal de ladre*, *mal St. Lazare*, *mal mort*, *pourriture*, &c.; en Helvétie on lui donne assez généralement le nom de *ladrerie*.

Paulet (*) la compare au farcin du cheval, sans doute d'après *Vegèce* qui nomme le farcin *éléphantiasis*, nom dérivé du grec, et que les Latins ont donné à la lèpre de l'homme à cause de la grande chronicité de la ladrerie.

Son origine remonte aux siècles les plus reculés; il est à présumer que cette affection existoit avant que le législateur Moïse défendit à son peuple l'usage de la viande du porc, et que sa défense eut pour cause principale l'analogie qu'on lui avoit trouvé avec la lèpre, qui faisoit de grands ravages parmi les Juifs et les Orientaux. Mahomet, dans son *Alcoran*, ayant fait une loi religieuse de cette prohibition de Moïse, elle s'est

---

(*) Maladies épizootiques, tom. II. page 333.

conservée jusqu'à ce jour dans l'Empire Ottoman et chez tous les peuples mahométans.

A différentes époques la ladrerie a été épizootique, c'est ainsi qu'on l'a observée en 1792 et 1793 dans le Cottentin, où elle est assez commune, quoiqu'il avoisine la mer; mais on ignore les causes extraordinaires qui lui donnèrent lieu.

Il paroît que jusqu'en 1785, tems où les expériences de Mr. *Goëze*, pasteur à *Quedlimbourg* (*), ont été publiées, on ignoroit que cette maladie fut vermineuse. Ces expériences démontrent évidemment que les vésicules ou petits grains blanchâtres observés à la bouche et à l'intérieur du cochon ladre, ne sont autre chose que de véritables *vers hydatigènes*.

Dans tous les cantons de l'Helvétie, la ladrerie est mise au nombre des maladies redhibitoires ; cependant elle n'est pas contagieuse, car ses caractères extérieurs sont sensibles, et les *Langayeurs* (**) portent sur elle un diagnostic presque certain ;

(*) Traduction de Mr. Hennemann, Docteur en médecine, 1785, 2ᵉ partie, pag. 246 (Lemgow).

(**) Préposés chargés de la visite des cochons, soit aux foires, soit aux marchés.

A 4

c'est donc sans fondement qu'on l'a rendue redhibitoire.

L'expérience de tout tems a malheureusement démontré qu'elle est d'une guérison très-difficile et très incertaine dans son commencement, et toujours incurable lorsqu'elle a fait des progrès.

La marche des phénomènes de cette maladie est très-lente ; elle offre souvent beaucoup d'irrégularité et de variété; pour la présentation des symptômes d'une manière claire et naturelle, j'ai cru nécessaire de la diviser en deux tems, *celui du commencement ou de l'invasion*, et *celui du progrès*.

Parmi les symptómes, j'en distingue deux sortes, que l'on divise en *généraux* et *patognomoniques*; les premiers sont communs aux fièvres adynamiques putrides, les deuxièmes sont particuliers à la ladrerie.

Premier tems, ou tems de l'invasion.

Les symptómes du commencement de cette maladie sont assez difficiles à saisir, sur-tout pour celui qui ne l'a jamais observée, et dont les yeux et le tact ne se sont pas exercés sur ces animaux. On a vu sou-

vent plus d'un demi-connoisseur ne recon-
noître la ladrerie qu'après avoir tué le
cochon et mis en morceaux. Voici les
caractères qui la font distinguer de manière
à ne pouvoir la confondre avec une autre
maladie.

Symptômes généraux, ou communs.

Ils se réduisent tous à la diminution lente
et graduée des forces vitales, savoir : affoi-
blissement de la faim et de la soif ; lenteur
et pesanteur de la marche ; émoussement
de la sensibilité par l'épaississement et la du-
reté de la peau ; abaissement de la température du corps et de l'air expiré ; tristesse
et stupidité augmentatives.

Symptômes patognomoniques.

Apparition de petites vésicules blanchâtres semblables à des grains de riz, sur les
parties latérales et inférieures du frein de la
langue, quelquefois au palais et dans tout
le fond de la bouche ; ces vésicules ouver-
tes laissent échapper une eau limpide et
très-fluide.

Deuxième tems, ou tems du progrès.

Je regarde la maladie comme entièrement déclarée, et je peins tous les phénomènes qu'elle présente à-peu-près dans leur ordre naturel et physiologique, je dis à-peu-près, parce qu'il est très-difficile, je pourrois même ajouter impossible, de bien saisir l'arrivée des uns, la disparition des autres, et leur véritable succession, que d'ailleurs tant de circonstances font varier.

Ces phénomènes sont généraux ou particuliers.

Symptômes généraux, ou communs.

L'anorexie, la dypepsie sont très-manifestes, le corps qui paroîtroit devoir pour cette raison diminuer de volume, acquiert au contraire une grosseur si considérable, que les épaules sont sensiblement éloignées du thorax, ce qui rend cet endroit très-gros et très-large. La marche, par une conséquence naturelle, devient très-difficile, la respiration laborieuse ; la circulation se ralentit, la chaleur s'éteint : la sensibilité disparoit, les forces diminuent de plus en plus, le train de derrière se paralyse ; l'animal ne peut se tenir debout, il reste constamment conché : l'air qu'il expire est fœtide et froid, la peau est âpre et dure, les soyes qui la recouvrent, ou tombent ou se laissent arracher sans effort, leur bulbe est sanguinolente ; les urines sont rares et chargées ; les matières alvines, liquides d'une odeur putride très-pénétrante, ne sortent qu'en petite quantité et à de longues distances. Enfin la tristesse, et plus encore la stupeur, s'observent très-manifestement dans ses yeux, son port et tous ses mouvemens.

Symptômes patognomoniques.

Les hydatides linguales, palatinés et de tous les vestibules de la bouche grossissent et se multiplient ; elles paroissent alors sous la forme de grains de riz mis dans un état d'intumescence par la macération. On en observe encore de semblables aux ars et aux plats des cuisses, aux mamelles dans les truyes et au scrotum dans le cochon mâle ; chez l'un et l'autre ces parties sont toujours dans un état œdémateux ; l'eau que renferme ces vésicules est à cette époque, épaisse et roussâtre.

Lorsque ces symptômes se trouvent tous réunis et offrent ce degré d'intensité, l'animal ne peut pas vivre long-tems; il meurt au bout de quelques jours sans pousser la moindre plainte, et le coma précéde constamment la mort de plusieurs heures.

Tels sont les phénomènes que présente cette maladie abandonnée à elle-même; mais il est rare que les propriétaires lui laissent parcourir sa carrière, la plupart tuent les cochons ladres dès qu'ils ont reconnu l'existence du mal, en quelque état d'embonpoint ou de maigreur qu'ils soient; et ils ont raison.

Je dois dire ici que la langue et toute la bouche sont hydatisées sans que l'animal en paroisse plus mal portant, que d'autres fois les signes connus du premier tems précédent l'apparition des vésicules; mais que le plus souvent les uns et les autres de ces symptômes marchent ensemble.

Quant à la durée de la maladie, elle est ordinairement fort longue, comme je l'ai déjà observé; ce n'est point que quelquefois aussi elle ne soit assez brève. Elle devient longue, quand l'animal qui en est atteint est jeune et conserve encore de la force, que son habitation est propre, grande et aërée, que sa nourriture est digestive et stimulante, que la température est modérée,

que l'air est pur et sec. Dans les circonstances opposées, elle marche avec plus de
rapidité qu'on ne le croit communément.

Ouverture et lésions cadavériques.

La peau se trouve généralement dure et
épaisse; dans les endroits hydatisés elle est
encore assez mince, mais lâche, les vésicules qu'elle présente, paroissent n'être
tantôt qu'un soulèvement de l'épiderme,
et tantôt un enfoncement dans le derme.
Quand la ladrerie est ancienne et les sujets
jeunes, les vésicules communiquent avec
le lard.

La couche graisseuse qui se trouve au-
dessous de la peau est ordinairement forte,
mais moins ferme et plus jaune dans les
endroits où elle a le moins d'épaisseur; on
y trouve une infinité de petits vers, et ils
sont assez généralement répandus.

Les chairs sont pâles; cette décoloration
est d'autant plus grande que la maladie a
été longue et que l'hydropisie a été com-
plette. Le tissu qui en remplit les intersec-
tions est semé d'une multitude de grains
vermineux, agglomerés ensemble comme
les grains glandiliformes du pancréas. La
chair mise dans l'eau surnage et y dépose

aussitôt un mucus qui la blanchit. Par l'é-
bulition elle dégage une grande quantité
d'air, et mangée cuite elle est sans saveur.
Si on la conserve quelque tems, elle passe
promptement à la putréfaction ; enfin elle
ne peut être que difficilement salifiée.

L'ouverture de l'abdomen laisse souvent
échapper une plus ou moins grande quantité de sérosité roussâtre ; le péritoine est
dans un état d'émanation ; le foye, la rate,
le pancréas sont sensiblement augmentés
de volume, leur couleur est lavée et tous
présentent à leur surface les vers dont j'ai
parlé plus haut. On trouve souvent des
douves ou limaces dans le foye; l'épiploon
présente une graisse jaune et très-molasse.
L'estomac, les intestins sont œdematisés ;
les intestins grêles offrent ordinairement
des strongles dans leur intérieur que l'on
trouve ulcérés, perforés, ecchymosés ; les
reins sont flasques et sans couleur, l'utérus
dans les femelles présente des hydatides
et de la sérosité. Les vaisseaux contien-
nent un sang jaunâtre et peu coagulable,
dont la quantité est très-petite.

Dans la poitrine on trouve un épanche-
ment séreux, le poumon volumineux,
blafard, hydatisé ; son tissu se déchire au

moindre effort ; la plèvre est épaisse de
plusieurs lignes , ainsi que le péricarde qui
contient quelquefois un liquide jaunâtre.
Le cœur est dans l'état des organes mus-
culaires.

La trachée artère laisse voir des crinons ;
la bouche est hydatisée dans tous ses points ;
les meninges sont blanches et épaisses , le
cerveau molasse , les ventricules noyés , le
plexus gorgé d'un sang couleur de canelle.

CAUSES.

Elles sont ou présumées ou connues.

Causes présumées. Depuis la découverte
de Mr. *Goëze* , la plupart des Auteurs et
même aujourd'hui quelques savans vétéri-
naires , attribuent cette maladie à l'évolution, la multiplication des vers hydatides
dans l'animal qui nous occupe ; je doute
qu'ils ayent raison , et je trouve dans la
procréation des animalcules une cause physiologique antecédente. ---- J'observe que
la multiplication des vers , non-seulement
dans le cochon, mais encore dans l'homme
et les animaux en général, est en raison

inverse des forces vitales , et de-là je con-
clus que des causes asthéniques précédent
l'évolution des vers.

Quant à leur origine, que peut-on dire
là-dessus de certain, de bien prouvé? Pour
moi je préfère m'humilier au risque de vou-
loir hasarder une théorie sur cet article en
dépit ce que dictent le sens et la raison.
Qu'est-ce qui signifie *une diathèse putride
du corps?* Enfin, quels éclaircissemens dans
la syncrasie indicible des solides? Ne vaut-il
pas mieux confesser son ignorance que de
donner une doctrine de mots L'étiologie
n'est malheureusement que trop obscure ,
et les connoissances sont assez difficiles
à acquérir en médecine , sans qu'il soit
besoin d'augmenter les obstacles qui s'op-
posent à la découverte du vrai , et je
crois pouvoir dire, relativement à l'origine
des vers , qu'elle nous sera toujours in-
connue , de même que celle des autres
animaux.

En jettant un coup-d'œil observateur
sur les règnes organiques, on voit que
chaque être organisé , soit végétal , soit
animal, occupe dans l'espace un point plus
ou moins étendu, que ce point, par une
sagesse vraiment admirable, est pour l'être

qui l'habite celui qui convient le mieux à
sa manière d'exister, à son organisation et
à ses besoins; d'après ces vérités qu'une
simple observation démontre, pourquoi
aller chercher au loin et dans un vague im-
pénétrable l'origine des vers? Pourquoi les
regarder comme usurpateurs? Pourquoi
leur disputer, leur faire même un crime
d'être en possession chez les animaux d'une
place quelconque? N'est-ce pas celle que
la nature leur a assignée? Pourroient-ils
vivre ailleurs? Non; toutes les expériences
le prouvent, le démontrent. Les strongles,
au rapport de Mr. *Chabert*, ne se multiplient-
ils pas, ne s'accouplent-ils pas dans les
animaux où ils se trouvent? D'une autre
côté, est-il bien vrai que ces vers, que
nous regardons et traitons en ennemis, fas-
sent autant de mal qu'on le croit communément? A-t-on raison de les considérer
comme la cause d'une infinité de dérange-
mens? La digestion, la circulation, les
sécrétions, les excrétions, n'en recevroient-
elles point de service? Ne pourroit-on pas
les envisager comme des stimulans organiques? Et croira-t-on sans aucune restric-
tion que les vers vivent aux dépends de
l'animal dans lequel ils se trouvent, qu'ils

B

en attaquent les liqueurs, les organes même, et les détruisent. Une opinion aussi absolue me sembleroit exagérée. Sans doute, la présence d'une trop grande quantité de vers, cette multiplicité qui romproit l'équilibre fixée par les lois de la nature, amèneroit infailliblement la perte de l'individu chez lequel une évolution aussi extraordinaire auroit eu lieu, mais leur existence n'est point aussi nuisible que communément on se le figure, puisque loin de déranger le méchanisme animal, elle paroitroit, d'après les savantes observations qui ont été faites par un Auteur célèbre (*), un agent naturel et nécessaire à l'exercice des fonctions, à l'entretien de la vie.

Je suis donc porté à croire :

1°. Que les vers disposés, logés dans les vaisseaux, les organes, les viscères, sont à la place qu'ils doivent occuper.

2°. Qu'on peut bien empécher leur trop grande multiplication, mais non en détruire l'espèce.

3°. Que la nature qui ne fait rien de mal, ne les a départis que pour des fins

____

(*) Mr. *Chabert*, directeur de l'école impériale vétérinaire d'Alfort, membre de la légion-d'honneur, &c.

sages, et qui conviennent sûrement à l'ordre général, ainsi qu'à la bonne économie du corps des animaux.

4°. Que d'après cela on a tort de les regarder comme cause première des maladies, qu'on doit au contraire augurer qu'ils peuvent être des instrumens salutaires, et servir en conséquence comme moyens secondaires aux fonctions des divers organes.

5°. Enfin, que la seule chose qu'il importe de bien connoître dans l'histoire des vers, ce sont les causes qui favorisent le plus leur multiplication, laquelle, recevant une extension trop grande, peut devenir nuisible et mortelle.

Causes connues. Tout ce qui tend à affoiblir le cochon, s'opposer aux fonctions de la peau, de la vessie, du poumon, de l'estomac et des instestins, peut être regardé comme cause de la *ladrerie*. Ces causes se trouvent toutes dans la nourriture, les habitations, l'exercice, le tempéramment, les qualités de l'air, enfin dans les soins.

Nourriture. Le son fermenté prodigué par les meûniers, les viandes putrifiées, les végétaux en décomposition, &c., des eaux bourbeuses, putrides, une nourriture enfin trop relâchante.

Habitations. Situées près des mares, des cloaques, petites, basses, humides, non aërées, non nettoyées.

Exercice. Trop modéré, trop fort, trop long-tems continué sur-tout à l'ardeur du soleil, à un froid excessif.

Air. Humide et froid, chaud, chargé de matières non respirables et malfaisantes.

Soins. Malpropreté des habitations, boue dans laquelle on laisse se vautrer le cochon.

Moyens préservatifs.

Énoncer, signaler les causes d'une maladie, c'est-à-dire, ce qu'il importe de faire pour conserver la santé, éviter ces causes, c'est remplir la première indication. En partant de ce principe, on commencera par mettre les porcs dans des circonstances salutaires. A cet effet, leurs habitations seront élevées, vastes, propres et aërées. On préparera soigneusement leur nourriture, elle sera digeste et stimulante. On les exercera modérément, et on leur frottera le corps avec un bouchon de paille;

enfin, il ne sera rien négligé pour qu'ils remplissent complettement toutes leurs fonctions. La nourriture qu'on préférera sera celle qui se composera de carottes jaunes, de pommes-de-terre, de lait ou petit-lait, des plantes céréales, papillonnacées, du trèfle, de la luzerne. Il faut beaucoup de prudence et de jugement dans le choix, la quantité, et l'administration à en faire.

Dans le choix, il importe de ne donner que des substances nutritives et très-stimulantes aux cochons foibles ; ceux dont la force et la vigueur se soutiennent, peuvent user d'une nourriture plus relâchante.

Dans la quantité, il ne faut pas oublier que les animaux comme malades, ne se nourrissent pas de ce qu'ils mangent, mais bien de ce qu'ils digèrent, qu'une trop petite ainsi qu'une trop grande quantité d'alimens, sont deux excès qui sont également nuisibles à la santé et à l'entretien des forces.

Dans l'administration bien entendue, il convient de fournir peu d'alimens à-la-fois et souvent. On aura soin aussi de varier de tems en tems la nourriture, afin de soutenir l'appétit au degré convenable. On donnera en petite quantité les graines céréales ; l'eau sera chargée de la rouille de fer, mais d'ailleurs toujours fraîche et propre.

Pour les cochons ladres, ces soins seront exactement observés et multipliés. On devra d'autant plus compter sur ces secours simples, aisés et peu dispendieux, qu'il est très-difficile d'administrer des médicamens aux cochons, et que d'ailleurs on ne doit pas compter sur l'emploi de ces sortes de substances, tant dans cette maladie que dans toutes celles où la fibre a perdu son ressort, où les forces périssent, et où les fluides tendent à une sorte de putréfaction. Les médicamens sont généralement indigestes, et l'action qu'ils sollicitent de la part des organes sur lesquels ils agissent, ne tend qu'à précipiter la mort, sur-tout dans l'affection que je viens de traiter.

www.ingramcontent.com/pod-product-compliance
Lightning Source LLC
LaVergne TN
LVHW021447060726
842527LV00006B/2094